ABRÉGÉ

D'AGRICULTURE

A L'USAGE

DES ÉCOLES PRIMAIRES DU NORD

PAR

J. HERLEM

Instituteur à Saint-Hilaire, par Avesnes-sur-Helpe (Nord)

Cet Ouvrage a valu à l'Auteur, en septembre et octobre 1876, une *Médaille d'argent* au

Concours d'Agriculture de l'arrondissement d'Avesnes,

et une *Médaille de vermeil* au Concours agricole départemental du Nord

AVESNES-SUR-HELPE

ÉLIET-LACROIX, LIBRAIRE-ÉDITEUR

ABBEVILLE. — IMPRIMERIE C. PAILLART

ABRÉGÉ

D'AGRICULTURE

ABBEVILLE. — IMPRIMERIE C. PAILLART

ABRÉGÉ

D'AGRICULTURE

A L'USAGE

DES ÉCOLES PRIMAIRES

PAR

J. HERLEM

Instituteur à Saint-Hilaire, par Avesnes-sur-Helpe (Nord)

Cet Ouvrage a valu à l'Auteur, en septembre et octobre 1876, une *Médaille d'argent* au

Concours d'Agriculture de l'arrondissement d'Avesnes,

et une *Médaille de vermeil* au Concours agricole départemental du Nord

AVESNES-SUR-HELPE

ELIET-LACROIX, LIBRAIRE-ÉDITEUR

1876

A MES COLLÈGUES

Le présent opuscule, qui m'a valu, sur la proposition de la Société d'Agriculture de l'arrondissement d'Avesnes, une *médaille de vermeil* au Concours départemental d'Agriculture tenu à Bergues le mois dernier, se distingue des ouvrages similaires par un certain nombre de caractères ou plutôt d'AVANTAGES dont voici les principaux :

1° Répartition méthodique des chapitres ou leçons

Il renferme autant de leçons qu'il y a de semaines dans les trois premiers trimestres de l'année scolaire. Le quatrième trimestre est réservé pour être consacré à l'étude de l'horticulture.

2° Forme catéchistique

Nous savons que cette forme est celle qui sert le mieux la mémoire des enfants.

3° Numérotation des questions

Tous les instituteurs connaissent les avantages de ce procédé d'enseignement.

4° Leçons d'égale longueur

L'esprit des enfants s'accommode mal d'une longue leçon succédant à une plus courte.

5° Beau caractère d'impression

Ce qui plaît aux yeux, va au cœur.

J'ajouterai que j'ai traité tout particulièrement les chapitres relatifs à l'*Étude du sol*, aux *Engrais* et aux *Prairies naturelles*, et que j'ai systématiquement laissé de côté tout ce qui, dans la culture, n'intéresse pas notre région.

Je n'ai pas cru pouvoir me dispenser de donner, dans les premières leçons, quelques notions, d'ailleurs très-élémentaires, de *Chimie agricole*, de *Météorologie* et de *Botanique*.

Enfin, j'ai terminé — je suis sûr que l'on m'en saura gré — par un tableau qui présente la valeur nutritive, comparée à celle d'UN QUINTAL DE FOIN, des divers aliments dont on nourrit le bétail.

Cet ouvrage est-il clair et pratique? Les notions qu'il renferme sont-elles présentées de manière à être facilement apprises?

A mes Collègues d'en juger!

J. HERLEM

Saint-Hilaire, le 1ᵉʳ Octobre 1876.

DÉFINITION ET IMPORTANCE

DE

L'AGRICULTURE

L'Agriculture est l'art de cultiver la terre et de tirer du sol, par les plantes que l'on cultive et les animaux que l'on élève, les richesses propres à notre alimentation, à nos vêtements, enfin à la plupart de nos besoins.

L'Agriculture est le premier et le plus important de tous les arts, quoique d'injustes préventions et un aveugle orgueil aient quelquefois tenté de la ravaler.

Les habitants des campagnes, qui s'y livrent en très-grande majorité, et qu'on désigne, avec un certain dénigrement, sous le nom de *paysans*, sont les populations les plus laborieuses, les plus vigoureuses, les plus morales.

Jouissant d'un air plus pur, d'un espace plus libre, de l'aspect agréable et des dons inépuisables de la nature, elles pourraient, en même temps, être les plus heureuses; elles ne le sont pas toujours cependant, parce que l'ignorance qui règne encore trop fréquemment chez elles, les empêche d'apprécier leurs avantages.

Elles envient même souvent le séjour des villes et en recherchent les occupations, délaissant ainsi, malheureusement, des travaux qui sont les plus utiles, les plus honorables, et qui peuvent être aussi les plus profitables pour leurs intérêts, s'ils sont bien compris et guidés par la science.

PREMIER TRIMESTRE

PREMIÈRE LEÇON

NOTIONS ÉLÉMENTAIRES DE CHIMIE AGRICOLE

1. — Qu'appelle-t-on êtres, corps, objets ?

On appelle êtres, corps, objets, tout ce qui existe, qui peut frapper nos sens. Ex. : un homme, un arbre, une pierre.

2. — Comment divise-t-on l'ensemble des êtres de la nature ?

En trois grandes divisions appelées RÈGNES, savoir : le *règne animal,* le *règne végétal* et le *règne minéral.*

3. — Que comprend le règne animal ?

Le règne animal comprend l'homme et tous les animaux.

4. — Que comprend le règne végétal ?

Le règne végétal comprend tous les végétaux, c'est-à-dire les herbes, les plantes et les arbres.

5. — Que comprend le règne minéral ?

Le règne minéral comprend tous les minéraux, c'est-à-dire l'eau, la terre, les pierres et les métaux de toutes sortes.

6. — Comment divise-t-on les corps par rapport à leur composition élémentaire ?

On les divise en *corps simples* et en *corps composés.*

1.

7. — Quels sont les corps simples ?

Les corps simples sont ceux dont on ne peut extraire qu'une seule espèce de matière ; tels sont : le fer, le zinc, le cuivre, le plomb, l'or, l'argent, etc.

8. — Quels sont les corps composés ?

Les corps composés sont ceux dont on peut extraire plusieurs substances de nature différente. Ainsi, par exemple, on trouve, dans la même plante, de l'*oxygène*, de l'*hydrogène,* du *carbone,* de l'*azote,* etc, qui sont des corps simples.

9. — Qu'est-ce que l'oxygène ?

L'oxygène est un gaz permanent, incolore, inodore et sans saveur. Il existe dans l'air, dont il forme les 21 centièmes du volume ; dans l'eau, ainsi que dans la plupart des substances minérales et organiques.

10. — Quels sont les principaux usages de l'oxygène ?

L'oxygène est l'agent principal de la combustion et de la respiration des animaux. Il joue aussi un rôle important dans la végétation.

DEUXIÈME LEÇON

NOTIONS ÉLÉMENTAIRES DE CHIMIE AGRICOLE (Suite)

11. — Qu'est-ce que l'hydrogène ?

L'hydrogène est, comme l'oxygène, un gaz permanent, incolore, inodore et sans saveur. C'est le plus léger de tous les corps (il pèse quatorze fois et demie moins que l'air). L'hydrogène entre dans la composition de l'eau et de la plupart des matières organiques.

12. — De quoi se compose l'eau?

L'eau se compose d'oxygène et d'hydrogène. Sur neuf kilog. d'eau, on trouve huit kilog. d'oxygène et un kilog. d'hydrogène.

13. — Qu'est-ce que l'azote?

L'azote est, comme l'oxygène et l'hydrogène, un gaz permanent, incolore, inodore et sans saveur. Il entre pour 79 centièmes dans la composition de l'air. On le trouve également dans la plupart des substances animales et végétales.

14. — Qu'est-ce que l'air?

L'air est, comme l'oxygène, l'hydrogène et l'azote, un gaz permanent, inodore et insipide. Vu sous une grande masse, il paraît bleuâtre.

15. — De quoi se compose l'air?

Sur cent parties, l'air en comprend environ vingt et une d'oxygène et soixante-dix-neuf d'azote.

16. — Quelles sont les principales propriétés de l'air?

L'air entretient la combustion dans nos foyers et la respiration des animaux et des végétaux. On sait qu'il est doué d'une force motrice considérable.

17. — L'air est-il pesant?

Oui ; un litre d'air sec pèse un gramme 30 ; mais ce poids est extrêmement variable.

18. — Comment met-on cette remarque à profit?

En observant les variations du baromètre.

19. — Qu'est-ce que le baromètre?

Le baromètre est un instrument que l'on emploie pour l'indication du temps et pour la mesure des hauteurs :

il s'élève quand le temps doit être beau et sec, il s'abaisse dans le cas contraire.

20. — Le baromètre est-il utile aux cultivateurs?

On conçoit que le baromètre est très-utile aux cultivateurs, surtout aux époques de la fenaison et de la moisson.

———

TROISIÈME LEÇON

NOTIONS ÉLÉMENTAIRES DE CHIMIE AGRICOLE (Suite)

21. — Citez un autre instrument théoriquement basé sur la pesanteur de l'air?

La pompe aspirante. C'est le poids de l'air atmosphérique qui fait monter le liquide dans le tuyau d'aspiration.

22. — Les pompes sont-elles utiles aux cultivateurs?

Sans doute. Les cultivateurs s'en servent principalement pour emplir les réservoirs qui contiennent la boisson des bestiaux et pour extraire le purin des citernes. Elles leur procurent une notable économie de temps et de main d'œuvre.

23. — Qu'est-ce que le carbone?

Le carbone est un corps solide, inodore et insipide. Nous le voyons dans la nature et dans les arts sous les aspects les plus variés : le diamant, le graphite ou plombagine, la houille, l'anthracite, le coke, le charbon de bois et le charbon animal n'en sont que des variétés.

24. — Qu'est-ce que l'acide carbonique?

L'acide carbonique est un gaz incolore, d'une odeur

légèrement piquante et d'une saveur aigrelette. Il résulte d'une combinaison de carbone et d'oxygène.

25. — Quel rôle joue l'acide carbonique dans la respiration ?

Les animaux absorbent de l'oxygène et exhalent de l'acide carbonique ; au contraire, les végétaux, sous l'influence des rayons solaires, absorbent de l'acide carbonique et exhalent de l'oxygène.

26. — Qu'est-ce que l'ammoniaque ?

L'ammoniaque, appelé aussi alcali volatil, est un gaz incolore, d'une odeur vive et piquante. Il est composé d'azote et d'hydrogène.

27. — N'est-il pas un cas où on l'administre aux bestiaux ?

Un litre d'eau, additionné de deux cuillerées d'ammoniaque, guérit une vache météorisée, c'est-à-dire affectée d'un gonflement de ventre contracté au pâturage.

28. — Qu'est-ce que le phosphore ?

Le phosphore est un corps solide, à peu près incolore et translucide, lumineux dans l'obscurité. Il recouvre le soufre à l'extrémité des allumettes chimiques. Combiné avec l'oxygène et la chaux, il forme le phosphate de chaux.

29. — Qu'y a-t-il à remarquer sur le phosphate de chaux ?

Le phosphate de chaux, qui forme la majeure partie de la matière minérale des os, se trouve aussi dans le sol et, par suite, dans les plantes, où il produit un excellent effet ; c'est pourquoi la poudre d'os est un très-bon engrais.

30. — Qu'est-ce que le chlore ?

Le chlore est un gaz jaune verdâtre, d'une odeur forte

et caractéristique. Les cultivateurs l'emploient pour désinfecter les étables dans lesquelles ont séjourné des bestiaux atteints d'une maladie contagieuse.

QUATRIÈME LEÇON

NOTIONS ÉLÉMENTAIRES DE MÉTÉOROLOGIE

31. — De quelle utilité la chaleur est-elle aux végétaux ?

La chaleur ranime la végétation, fait germer les graines, active la circulation de la sève (sang des végétaux) et mûrit les fruits.

32. — Comment appelle-t-on l'instrument qui mesure la température ou degré de chaleur des corps ?

Thermomètre.

33. — Qu'est-ce que la météorologie ?

La météorologie est l'étude des météores, tels que le vent, la pluie, la neige, etc. Les cultivateurs, qui sont chaque jour dans la campagne, ne doivent pas ignorer les causes qui produisent ces phénomènes atmosphériques.

34. — Que sont les vents ?

Les vents sont des courants plus ou moins rapides qui se produisent dans l'air.

35. — Quelle cause les produit ?

Les vents ont pour cause une rupture d'équilibre dans quelque partie de l'atmosphère, rupture qui résulte toujours d'une différence de température entre des pays voisins.

36. — Qu'est-ce qu'une trombe ?

Une trombe est un amas de vapeurs en suspension dans les couches inférieures de l'atmosphère qu'elle traverse, animée, le plus souvent, d'un mouvement giratoire (tournoyant) assez rapide pour déraciner les arbres, renverser les maisons, briser et détruire tout ce qu'elle rencontre.

37. — Comment se forment les brouillards ?

Quand le sol humide est plus chaud que l'air, les vapeurs qui montent alors se condensent, deviennent visibles et restent dans les basses régions, dont elles troublent la transparence : ce sont des brouillards.

38. — De quoi résultent les nuages ?

Les nuages résultent de la condensation, en gouttelettes d'une petitesse extrême, des vapeurs qui s'élèvent de la terre.

39. — En quoi les nuages diffèrent-ils des brouillards ?

Les nuages ne diffèrent des brouillards qu'en ce qu'ils occupent, contrairement aux brouillards, les hautes régions de l'atmosphère.

40. — Quelle cause produit la pluie ?

Quand, à la suite d'un refroidissemet survenu dans les hauteurs de l'air, les nuages ont atteint un degré suffisant de condensation, des gouttelettes de pluie se forment et tombent par leur propre poids.

CINQUIÈME LEÇON

NOTIONS ÉLÉMENTAIRES DE MÉTÉOROLOGIE (Suite)

41. — Quelle est la cause des phénomènes de la rosée, de la gelée blanche et du serein ?

Le refroidissement dû au rayonnement nocturne est la cause du phénomène de la rosée. La *gelée blanche* n'est autre chose que de la rosée congelée. Le *serein* est le nom que prend la rosée lorsqu'elle se forme, dès le coucher du soleil, par suite du refroidissement des couches inférieures de l'air.

42. — Comment se forme la neige ?

Lorsque la température des nuages est au-dessous de zéro, les gouttelettes qui les forment se congèlent et produisent la neige.

43. — Expliquez la formation du grésil et du verglas.

Quand la congélation des gouttelettes des nuages se fait brusquement, dans un air agité, elle forme de petites aiguilles de glace qu'on appelle *grésil*. La pluie non persistante qui tombe sur le sol, suffisamment refroidi, produit le *verglas*.

44. — Qu'est-ce que la grêle ?

La grêle est un amas de globules de glace compactes, plus ou moins volumineux, qui tombent de l'atmosphère.

45. — Qu'est-ce que l'électricité ?

L'électricité est un agent impondérable dont la nature est encore inconnue, mais dont la présence est rendue évidente par des attractions et des répulsions, par des apparences lumineuses, par des commotions violentes, etc.

46. — Parlez de l'éclair et du tonnerre.

L'éclair est une lumière éblouissante projetée par l'étincelle électrique qui éclate des nuages chargés d'électricité. Le *tonnerre* est la détonation violente que produit l'éclair en ébranlant l'atmosphère.

47. — Que doit-on faire lorsqu'on se trouve dans les champs pendant un orage?

Lorsqu'on se trouve surpris dans les champs par un orage, il ne faut pas courir, ni se mettre à l'abri sous un arbre : en courant, on ouvre un passage à la foudre et les arbres l'attirent, surtout s'ils sont élevés. Ce qu'il y a de mieux à faire est de rester assis.

48. — Qu'est-ce que la lumière?

La lumière est un fluide, comme le calorique. La lumière blanche du soleil est composée de sept couleurs principales : le rouge, l'orangé, le jaune, le vert, le bleu, l'indigo et le violet.

49. — Qu'est-ce que l'arc-en-ciel?

L'arc-en-ciel est un météore que produit la lumière blanche du soleil en se décomposant dans les gouttes de pluie en ses sept couleurs élémentaires.

50. — Quel est l'effet de la lumière sur les plantes?

La lumière colore les plantes, en augmente la consistance et la vigueur et donne de la saveur à toutes leurs parties. Il est curieux de voir les végétaux croissant dans l'obscurité se diriger vers l'endroit d'où ils peuvent en recevoir un peu.

SIXIÈME LEÇON

NOTIONS ÉLÉMENTAIRES DE BOTANIQUE

51. — Comment divise-t-on les organes des plantes ?

On divise les organes des plantes en deux classes, les organes de la *nutrition* et ceux de la *reproduction*.

52. — Quels sont les organes principaux de la nutrition ?

Les organes principaux de la nutrition sont la *racine*, la *tige* et les *feuilles*.

53. — Qu'est-ce que la racine ?

La racine est cette partie souterraine de la plante qui s'enfonce dans le sol pour y puiser les matériaux nécessaires à sa nutrition.

54. — Quelles sont les différentes parties de la racine ?

Les différentes parties de la racine sont le *collet*, le *corps* et le *chevelu* ou *radicelles* terminées par les *spongioles*, espèces de suçoirs qui aspirent les sucs nécessaires à l'entretien de la plante.

55. — Que concluez-vous de la faculté absorbante des spongioles ?

Puisque ce sont les spongioles qui absorbent la nourriture du végétal, il faut bien se garder, quand on transplante un arbre, de couper les radicelles de sa racine, à moins qu'elles ne soient désséchées ou déchirées.

56. — Qu'est-ce que la tige ?

La tige est cette partie de la plante qui, partant du

collet de la racine, prend son accroissement hors de terre et recherche l'air et la lumière.

57. — Parlez des feuilles?

Les feuilles sont des organes de couleur verte, ayant ordinairement la forme de lames minces et membraneuses qui naissent sur la tige ou sur les rameaux des plantes et sont pour elles des espèces de poumons.

58. — Comment s'accomplit la fonction ou respiration des feuilles?

Sous l'influence de la lumière solaire, (pendant le jour) les végétaux absorbent de l'acide carbonique, fixent dans leurs tissus le carbone qu'il contient et en rejettent l'oxygène. L'inverse a lieu dans l'obscurité.

59. — Pouvons-nous respirer impunément un air chargé d'acide carbonique?

Assurément non. La respiration d'un air chargé d'acide carbonique conduit rapidement à l'asphyxie.

60. — Quelle réflexion ce phénomène vous inspire-t-il?

La réflexion que ce phénomène m'inspire est qu'il faut bien se garder de coucher dans une chambre close où se trouveraient, en certaine quantité, des plantes, des fleurs ou des fruits.

SEPTIÈME LEÇON

NOTIONS ÉLÉMENTAIRES DE BOTANIQUE (Suite)

61. — En quoi l'eau concourt-elle à la végétation?

L'eau, sous forme de vapeur, fournit aux feuilles la plupart des substances qui entrent dans la composition des plantes ; de plus elle sert de véhicule à tout ce que les racines puisent dans le sol pour former la sève.

62. — Qu'est-ce que la sève ?

La sève est le liquide qui circule dans tous les végétaux et qui les nourrit, comme le sang nourrit les animaux.

63. — Comment se fait la circulation de la sève ?

La sève part des racines et fait croître le végétal en longueur en montant dans la tige, les branches et les feuilles ; puis elle descend pour donner naissance à une nouvelle couche de bois qui en accroît le diamètre.

64. — Quel phénomène a lieu dans la circulation de la sève ?

Arrivée dans les feuilles, la sève ascendante, au contact de l'air, s'améliore, complète sa constitution, puis descend, sous le nom de *cambium,* ou de sève descendante, vers les racines.

65. — Par où se fait la descente du cambium ?

La descente du cambium se fait par les couches les plus extérieures de l'*aubier* et par celles du *liber*.

66. — Qu'est-ce que l'aubier ?

L'aubier est le jeune bois, ordinairement blanc, qui se trouve immédiatement sous l'écorce et qui recouvre le bois parfait.

67. — Qu'est-ce que le liber ?

Le liber est la partie la plus intérieure de l'écorce ; il est formé d'un grand nombre de couches minces et fibreuses dont la réunion a été comparée aux feuillets d'un livre.

68. — Quels sont, dans les végétaux, les organes de la reproduction ?

Les organes de la reproduction sont la *fleur*, le *fruit* et la *graine*.

69. — De quoi se compose la fleur ?

La fleur se compose du *calice,* de la *corolle,* des *étamines* et du *pistil*.

70. — Qu'est-ce que le calice ?

Le calice est l'enveloppe extérieure de la fleur. Il se compose de pièces libres ou soudées ensemble, nommées *sépales,* ordinairement vertes comme les feuilles.

HUITIÈME LEÇON

NOTIONS ÉLÉMENTAIRES DE BOTANIQUE (Suite)

71. — Qu'est-ce que la corolle ?

La corolle est cette enveloppe intérieure qui présente des couleurs variées. Elle est composée d'un certain nombre de pièces nommées *pétales*.

72. — Qu'appelle-t-on étamines ?

On appelle étamines des organes qui entourent le pistil. Chaque étamine comprend un *filet* surmonté d'un petit sac membraneux, appelé *anthère,* qui contient le *pollen*.

73. — Qu'est-ce que le pistil ?

Le pistil est l'organe central de la fleur. Il se compose, comme les étamines, de trois parties : *l'ovaire,* espèce de bouton qui deviendra le fruit; le *style,* filament qui surmonte l'ovaire, et le *stygmate,* qui termine le style.

74. — Qu'est-ce que le fruit?

Le fruit est l'ovaire parvenu à sa maturité.

75. — Quelles parties distingue-t-on dans le fruit?

On distingue dans le fruit le *péricarpe* et la *graine*.

76. — Qu'est-ce que le péricarpe?

Le péricarpe est la paroi de l'ovaire. C'est la partie que nous mangeons dans la cerise, la pomme, la poire, la prune, etc.

77. — Qu'est-ce que la graine?

La graine est cette partie du fruit que renferme le péricarpe et qui contient l'*embryon*, c'est-à-dire le petit corps destiné à reproduire un nouveau végétal par la germination.

78. — Qu'est-ce que la germination?

La germination est la série des phénomènes que présente, avec le concours de l'air, de l'eau et de la chaleur, le développement des graines.

79. — A quoi attribue-t-on la vie inactive des végétaux pendant l'hiver?

Au froid qui glace la sève dans les conduits des plantes.

80. — Peut-on donner la raison d'être des phénomènes de la vie végétale?

Non, c'est un secret que Dieu s'est réservé.

NEUVIÈME LEÇON

ÉTUDE DU SOL

81. — Qu'est-ce que le sol?

Le sol, en agriculture, est la couche de terre sur

laquelle nous marchons et qui supporte les plantes.

82. — Qu'appelle-t-on terre arable ou terre végétale?

On appelle terre arable ou terre végétale, la portion du sol qui est propre à la production des plantes.

83. — La profondeur de la couche de terre arable influe-t-elle sur la qualité du sol?

Plus un sol est profond, plus il est fécond; car les plantes se développent beaucoup mieux et ne souffrent pas autant de la sécheresse ou de l'humidité dans un sol profond que dans un sol superficiel.

84. — Quand un sol est-il réputé profond?

Un sol est profond quand il est cultivé à une profondeur de trente à quarante centimètres.

85. — Qu'est-ce que le sous-sol?

Le sous-sol est la couche de terre, ordinairement infertile, qui s'étend immédiatement au-dessous du sol.

86. — Le sous-sol influe-t-il sur la qualité du sol?

Oui, le sous-sol influe sur la qualité du sol : selon leur nature respective, tantôt il l'améliore, tantôt il en diminue la fertilité.

87. — Quelles sont les principes indispensables à toute terre arable?

Les principes indispensables à toute terre arable sont au nombre de quatre : le sable, l'argile, le calcaire et l'humus.

88. — Qu'y a-t-il à remarquer sur ces principes?

Pris isolément, le sable, l'argile et le calcaire sont de fort mauvais terrains de culture; mais réunis, ils ne laissent rien à désirer, si leur mélange contient du vingtième au dixième de leur poids total d'humus.

89. — Qu'est-ce que l'humus?

L'humus est une substance noirâtre produite par la décomposition de matières végétales ou animales.

90. — Qu'arrive-t-il quand le sol renferme une trop grande quantité d'humus?

Tout bon terrain contient nécessairement de l'humus, mais, s'il en renferme cependant une trop grande quantité, les plantes y sont soulevées pendant l'hiver et les récoltes de grains y versent très-facilement.

DIXIÈME LEÇON

ÉTUDE DU SOL (Suite)

91. — Qu'est-ce que la silice?

La silice, ou sable siliceux, est un mélange de sable, de petits cailloux, et de matières terreuses participant de la nature du sable et des cailloux.

92. — Qu'appelle-t-on terre sablonneuse ou siliceuse?

On appelle terre sablonneuse ou siliceuse celle qui renferme plus de silice que d'argile et de chaux.

93. — Quelles sont les principales qualités des terres siliceuses?

Les terres siliceuses se travaillent facilement et ne souffrent pas d'une humidité prolongée; les récoltes qu'elles produisent mûrissent de bonne heure.

94. — Quels sont les principaux défauts des terres siliceuses?

Les terres siliceuses sont sans liaison; l'eau des pluies

les traverse sans s'y arrêter, en sorte qu'elles souffrent facilement de la sécheresse ; elles se combinent difficilement avec les engrais, et les gelées *déchaussent* souvent les plantes qu'elles portent.

95. — Qu'est-ce que l'argile ?

L'argile ou *glaise* est une terre onctueuse, susceptible de s'étirer et de se mouler sous toutes les formes, retenant l'eau, se fendillant et se séparant en fragments très-durs lorsqu'elle se dessèche.

96. — Qu'appelle-t-on terre argileuse ?

On appelle terre argileuse celle qui contient plus d'argile que de sable et de chaux.

97. — Quelles sont les qualités principales des terres argileuses ?

Les terres argileuses retiennent l'eau, se dessèchent lentement et se combinent très-facilement avec les engrais.

98. — Quels sont les principaux défauts des terres argileuses ?

Les terres argileuses sont froides, difficiles à cultiver, à cause de leur ténacité et de leur adhérence aux instruments aratoires ; les temps pluvieux en font beaucoup souffrir la végétation.

99. — Qu'est-ce que le calcaire ou carbonate de chaux ?

Le calcaire est le nom par lequel on désigne, en général, les matières terreuses et pierreuses dont on pourrait extraire de la chaux.

100. — Qu'appelle-t-on terre calcaire ?

On appelle terre calcaire celle qui renferme plus de chaux que d'argile et de sable.

2

ONZIÈME LEÇON

ÉTUDE DU SOL (Suite)

101. — Quelles sont les qualités principales des terres calcaires ?

Les terres calcaires sont faciles à cultiver ; elles décomposent rapidement les débris végétaux et les rendent propres à servir à la nutrition des plantes.

102. — Quels sont les principaux défauts des terres çalcaires ?

Les terres calcaires absorbent beaucoup d'eau et se dessèchent très-vite ; en séchant, elles se durcissent et forment .une croûte ; quand elles sont blanches, elles s'échauffent peu aux rayons du soleil ; elles se soulèvent par la gelée, comme les terres siliceuses.

103. — Qu'appelle-t-on terres fortes ?

On appelle terres fortes celles qui sont très-argileuses et compactes.

104. — Qu'appelle-t-on terres légères ?

On appelle terres légères celles qui sont naturellement très-divisées et sans consistance.

105. — Quelles sont les meilleures terres ?

Les meilleures terres sont les *terres franches* ou *normales*. Elles sont composées des trois autres mélangées avec un douzième d'humus environ. Leur aspect est généralement brûnâtre. Elles sont également perméables à l'eau, à l'air et à la chaleur.

106. — A quoi se reconnaît une terre siliceuse ?

La terre siliceuse est rude au toucher et raie le verre,

lorsqu'on la frotte dessus. On est à peu près sûr qu'elle est propre à la culture lorsqu'elle se tient en mottes.

107. — A quoi se reconnaît une terre argileuse?

Une parcelle de terre argileuse, mise sur la langue, s'y attache fortement; cette terre prend toutes sortes de formes lorsqu'on la pétrit humide. Elle est propre à la culture, pourvu qu'elle ne soit pas trop compacte.

108. — A quoi se reconnaît une terre calcaire?

La terre calcaire se reconnaît à l'espèce de bouillonnement qu'elle produit lorsqu'on verse dessus du vinaigre très-fort.

109. — Comment reconnaît-on la présence de l'humus?

La présence de l'humus dans le sol se trahit par une odeur de végétaux pourris, une couleur noire, une diminution du poids de la terre essayée, si on la brûle.

110. — Quelle est la substance qui raie certains terrains en rouge, en jaune, en noir?

L'oxyde de fer. Cette matière est nuisible dans les sols humides.

DOUZIÈME LEÇON

ÉTUDE DU SOL (Suite)

111. — Pourquoi les terres blanches sont-elles froides?

Les terres blanches sont froides, parce que la couleur blanche réfléchit les rayons du soleil.

112. — Pourquoi les terres de couleur foncée sont-elles plus chaudes?

Les terres de couleur foncée sont plus chaudes que les

terres blanches, parce qu'elles absorbent les rayons solaires et conservent la chaleur.

113. — Qu'appelle-t-on exposition d'un champ ?

L'exposition d'un champ est l'inclinaison de ce champ par rapport aux points cardinaux.

114. — Quelles sont les meilleures expositions ?

Pour un sol froid, les meilleures expositions sont celles du sud, du sud-est et de l'est; pour un sol chaud, ce sont celles du sud-ouest et de l'ouest.

115. — Le mot « agaises, » qu'on emploie si communément en parlant du sol, est-il français ?

Non, c'est *schiste* qu'il faut dire.

116. — Qu'est-ce que le schiste ?

Le schiste est une roche d'apparence homogène, d'une nature argiloïde et présentant l'aspect de feuillets posés les uns sur les autres ; sa couleur varie du gris au bleuâtre ou au noir et tourne parfois au verdâtre, au rougeâtre ou au jaunâtre.

117. — Quel est le schiste le plus commun ?

Le schiste le plus commun est le schiste argileux, dont l'ardoise est une variété bien connue.

118. — Forme-t-il un bon terrain ?

On conçoit que le schiste est un terrain absolument infertile par lui-même ; mais, le plus souvent, il est recouvert d'une couche plus ou moins épaisse de terre végétale.

119. — Dans quel arrondissement du Nord le schiste se trouve-t-il le plus abondamment ?

Dans l'arrondissement d'Avesnes.

120. — Quelle est la température qui convient le mieux au sol qui repose sur le schiste ?

Une température humide. La sécheresse lui est pernicieuse.

TREIZIÈME LEÇON

MOYENS D'AMÉLIORER LE SOL

121.— Quels sont les moyens d'améliorer le sol?

Les moyens d'améliorer le sol sont le *défrichement,* (épierrement, écobuage, assainissement, drainage) ainsi que l'emploi des *amendements* et des *engrais.*

122.— En quoi consiste le défrichement?

Le défrichement consiste à mettre en culture une terre inculte.

123. — Quels sont les obstacles à la culture dans les terres incultes?

Ces obstacles sont les pierres, les végétaux nuisibles, les eaux stagnantes, la mauvaise qualité de la terre.

124. — Comment fait-on disparaître le premier obstacle?

Par *l'épierrement,* c'est-à-dire par l'enlèvement des pierres qui, par leur grosseur, pourraient gêner le travail des instruments.

125. — Comment se débarrasse-t-on des végétaux nuisibles?

Au moyen d'une opération, appelée *écobuage,* qui, en même temps, fertilise le sol.

126. — En quoi consiste l'écobuage?

L'écobuage consiste à brûler sur le terrain les herbages, les racines et les insectes nuisibles.

127.— Comment se pratique l'écobuage?

Après avoir enlevé les grosses racines des végétaux

2.

ligneux, s'il en existe, on détache la surface du terrain par tranches de cinq à six centimètres d'épaisseur ; puis, lorsque le soleil a bien séché ces tranches, on les met en tas que l'on fait brûler lentement.

128. — Que fait-on des cendres qui résultent de cette combustion ?

On les répand sur le terrain, auquel un léger labour les mêle.

129. — L'écobuage convient-il à tous les terrains ?

L'écobuage convient aux terres fortes, qu'il divise et ameublit.

130. — Comment procède-t-on pour les terres légères, auxquelles l'écobuage ne convient pas ?

On enlève d'abord les grosses racines, puis on enterre les végétaux, ce qui produit un peu d'humus.

A l'aide d'une forte charrue on peut, le plus souvent. faire simultanément ces deux opérations.

DEUXIÈME TRIMESTRE

QUATORZIÈME LEÇON

MOYENS D'AMÉLIORER LE SOL (Suite)

131. — En quoi consiste l'assainissement?

L'assainissement consiste à débarrasser le sol des eaux surabondantes et des eaux stagnantes.

132. — Comment obtient-on ce résultat?

Le moyen le plus facile est de pratiquer dans le sol des fossés et des rigoles, qui conduisent les eaux dans le ruisseau le plus voisin.

133. — Ne pourrait-on obtenir le même résultat en laissant le sol uni?

Si, au moyen du drainage.

134. — En quoi consiste le drainage?

Le drainage consiste à dessécher le sol au moyen de tuyaux souterrains en terre cuite, appelé *drains,* posés dans le fond de fossés préalablement disposés.

135. — Pourquoi l'eau stagnante nuit-elle à la végétation?

L'eau stagnante nuit à la végétation parce qu'elle empêche l'air de pénétrer jusqu'aux racines.

136. — Quels sont les effets du drainage?

Le drainage augmente la fertilité des terres et avance l'époque des récoltes.

137. — Que produit-il au point de vue de l'hygiène?

Au point de vue de l'hygiène, le drainage diminue les émanations fétides des terres humides et améliore ainsi l'état sanitaire des localités où il est en usage.

138. — Est-il toujours avantageux de défricher les landes et les terres incultes?

Avant d'entreprendre le défrichement d'un terrain, il faut s'assurer que les dépenses qu'entraînera cette opération n'excèderont pas les bénéfices résultant de l'amélioration qu'on espère.

139. — Quelle précaution doit-on prendre dans la culture des terres compactes?

On doit entretenir dans ces terres des raies d'écoulement.

140. — Quel inconvénient observez-vous dans la culture des champs inclinés?

Dans les champs inclinés, il arrive fréquemment que l'eau des pluies entraîne la terre végétale de la partie supérieure vers la partie inférieure. Il faut avoir soin de la remettre en place aussitôt que le transport en est praticable.

QUINZIÈME LEÇON

AMÉLIORATION DU SOL PAR LES AMENDEMENTS

141. — Qu'est-ce qu'amender le sol?

Amender le sol c'est y mêler des substances qui l'améliorent, c'est-à-dire qui le rendent *meuble,* s'il est trop compacte, ou qui le rendent *ferme,* s'il est trop meuble.

142. — Qu'appelle-t-on amendements ?

On appelle amendements les subtances minérales qui, mêlées au sol, l'améliorent.

143. — Combien distingue-t-on de sortes d'amendements ?

On distingue deux sortes d'amendements : les amendements proprement dits ou *modifiants,* et les *stimulants.*

144. — Quels sont les principaux amendements modifiants ?

Les principaux amendements modifiants sont l'argile et le sable.

145. — Pourquoi sont-ils appelés amendements modifiants ?

Ils sont appelés amendements modifiants parce qu'ils *modifient* la nature du sol.

146. — Comment améliore-t-on les terres sablonneuses ?

On améliore les terres sablonneuses en y mêlant de l'argile (cet amendement leur donne plus de lien et de consistance.

147. — Comment améliore-t-on les terres argileuses ?

On améliore les terres argileuses en y mêlant du sable (le sable diminue la ténacité de l'argile.

148. — L'emploi du sable et de l'argile comme amendements est-il toujours praticable ?

Quand le sol est argileux et le sous-sol sablonneux ou réciproquement que le sol est sablonneux et le sous-sol argileux, rien de plus praticable : il suffit de défoncer assez la terre pour ramener à la surface une partie du sous-sol *(peu à la fois),* afin de le mêler avec le sol.

149. — Que fait-on quand la nature du sous-sol ne permet pas cette opération ?

Quand la nature du sous-sol ne permet pas cette opération, l'emploi du sable et de l'argile comme amendements est, le plus souvent, trop coûteux ; et d'ailleurs, le succès n'en est pas toujours certain.

150. — Qu'est-il prudent de faire, au préalable, dans tous les cas ?

Il est prudent de faire *un essai* sur une petite étendue du terrain à amender. On agira ensuite d'après le résultat obtenu.

SEIZIÈME LEÇON

AMÉLIORATION DU SOL PAR LES STIMULANTS

151. — Qu'est-ce que la chaux ?

La chaux est la pierre calcaire que l'on a fait calciner dans un four ardent.

152. — Comment s'appelle l'emploi de la chaux dans l'amélioration du sol ?

L'emploi de la chaux dans l'amélioration du sol s'appelle chaulage.

153. — Doit-on chauler indistinctement tous les terrains ?

La chaux ne convient qu'aux terrains dépourvus de calcaire.

154. — Quel effet la chaux produit-elle dans ces terrains ?

La chaux donne de l'activité à la végétation, hâte la

décomposition des débris végétaux, corrige les défauts des sols froids et trop humides et rend poreux ceux qui pèchent par une trop grande compacité.

155. — De quelle manière emploie-t-on la chaux ?

On dépose la chaux, de distance en distance, par petits tas que l'on recouvre d'une couche de terre d'une vingtaine de centimètres d'épaisseur. Trois semaines plus tard, on la répand sur le sol, puis on l'enterre par un faible labour. Le chaulage s'opère ordinairement un peu avant les semailles.

156. — Peut-on, avant d'employer la chaux, la mélanger avec du fumier ?

Il faut bien s'en garder. Le mélange de chaux et de fumier produit d'abondantes émanations ammoniacales qui diminuent, dans une très-forte proportion, l'action fertilisante du fumier.

157. — Quel est, en général, le prix de l'hectolitre de chaux ?

On ne paie généralement la chaux qu'un franc l'hectolitre.

158. — Combien emploie-t-on d'hectolitres de chaux à l'hectare ?

Il n'est pas possible de fixer d'une manière absolue la quantité de chaux à employer par hectare. Cela dépend évidemment de la nature du sol et du délai plus ou moins éloigné après lequel on se propose de chauler de nouveau.

159. — Qu'est-ce que la marne ?

La marne est une terre calcaire, inféconde par elle-même, mais propre à féconder les terres argileuses et sableuses.

160. — Comment appelle-t-on l'emploi de la marne ?

L'emploi de la marne s'appelle marnage.

DIX-SEPTIÈME LEÇON

AMÉLIORATION DU SOL PAR LES STIMULANTS (Suite)

161. — Quelle influence la marne exerce-t-elle sur le sol?

. L'action de la marne ressemble à celle de la chaux, mais elle est moins énergique et moins rapide : elle peut durer vingt ans. La marne n'affaiblit pas, comme la chaux, les engrais animaux.

162. — Comment emploie-t-on la marne?

On la dépose en petits tas sur les terres, pendant l'hiver et on la répand au printemps. Un léger labour la mêle au sol.

163. — Quand on emploie la marne, ne doit-on pas avoir égard à sa composition?

Si, car telle espèce de marne est calcaire, tandis que telle autre est argileuse.

164. — Combien paie-t-on généralement la marne?

On paie généralement la marne à raison de 1 fr. à 1 fr. 50 par charge de cheval.

165. — Quelle quantité de marne emploie-t-on par hectare?

Impossible de fixer cette quantité d'une manière rigoureuse. On peut aller jusqu'à cent mètres cubes.

166. — Qu'est-ce que le plâtre?

Le plâtre est une espèce de pierre réduite en une poudre grise ou blanche qui, mêlée à l'eau, forme instantanément une pâte solide.

167. — Le plâtre améliore-t-il le sol?

Le plâtre n'améliore pas le sol, mais il produit un excellent et puissant effet sur les plantes fourragères des prairies artificielles, telles que le trèfle, la luzerne, le sainfoin, la lupuline *(minette),* etc. On prétend même qu'il en double le produit.

168. — Combien de plâtre emploie-t-on par hec-tare ?

Environ deux hectolitres.

169. — Quel est le prix du plâtre ?

Le plâtre vaut 0 fr. 10 le kilog., AU DÉTAIL (l'hectol. pèse 233 kilog.). En gros, on ne le paierait guère plus de 18 fr. le quintal.

170. — Comment emploie-t-on le plâtre ?

On le répand à la main, le soir ou le matin, à la rosée ou après une petite pluie, le plus également possible. Les plantes sur lesquelles on l'emploie doivent être déjà pourvues de quelques feuilles et couvrir à peu près le sol.

DIX-HUITIÈME LEÇON

AMÉLIORATION DU SOL PAR LES ENGRAIS

171. — Qu'appelle-t-on engrais ?

On appelle engrais toutes les substances liquides ou solides, d'origine végétale ou animale, qui, par leur dé-composition, deviennent propres à fertiliser la terre en servant de nourriture aux plantes.

172. — Qu'est-ce que fumer le sol?

Fumer le sol, c'est y mélanger des engrais.

173. — Est-il indispensable de fumer les champs ?

Oui, il est indispensable de fumer les champs ; la raison en est que chaque récolte enlève à la terre une partie de ses sucs ; si on ne lui en rendait pas d'autres au moyen des engrais, elle serait bientôt épuisée.

174. — Que concluez-vous de là ?

Je conclus de là que le cultivateur doit s'attacher à produire beaucoup d'engrais, que les engrais sont la richesse de l'agriculture, et que, sans engrais, il n'est pas possible d'obtenir de belles récoltes.

175. — Comment se divisent les engrais ?

Les engrais se divisent en engrais animaux, en engrais végétaux et en engrais *mixtes*, (formés du mélange des deux premiers).

176. — Nommez les principaux engrais animaux.

Les principaux engrais animaux sont la matière fécale, la colombine, le guano, les déjections des moutons (parcage), les résidus d'abattoir, etc.

177. — Comment emploie-t-on la matière fécale ?

La matière fécale est déposée dans une fosse où elle devient liquide, puis elle est répandue, suffisamment étendue d'eau, sur les champs, en forme d'arrosage.

178. — Quels sont les avantages des fosses à engrais liquides ?

Le dépôt en fosse permet d'augmenter la qualité des engrais par la fermentation et leur quantité par l'addition d'autres matières, telles que les tourteaux et les urines.

179. — Donnez un moyen de désinfecter les fosses à engrais liquides.

Quelques kilog. de sulfate de fer, dit aussi couperose

verte, jetés de temps en temps par la lunette de la garde-robe, suffisent pour détruire l'odeur de la fosse.

180. — D'où vient que la plupart des cultivateurs éprouvent de la répugnance à employer la matière fécale liquide ?

Cela vient de ce qu'ils ignorent le moyen de faire disparaître l'odeur désagréable qu'elle dégage.

DIX-NEUVIÈME LEÇON

AMÉLIORATION DU SOL PAR LES ENGRAIS (Suite)

181. — Quel est le prix du sulfate de fer ?

Au détail, le sulfate de fer vaut 0 fr. 30 le kilog. — En gros (pris à Lille, par exemple), on ne le paierait guère plus de 20 fr. le quintal.

182. — L'addition du sulfate de fer avec l'engrais liquide n'a-t-elle pas encore un autre avantage ?

Le sulfate de fer empêche la volatilisation des matières ammoniacales qui se produisent pendant la fermentation et conserve ainsi à l'engrais toute sa puissance.

183. — A quelles plantes l'engrais liquide convient-il principalement ?

Les plantes dans lesquelles on veut développer une végétation abondante et rapide se trouvent bien de l'engrais liquide, car il est d'une assimilation facile et prompte.

184. — Peut-on employer l'engrais liquide en temps de sécheresse ?

Employé en temps de sécheresse ou de forte chaleur,

l'engrais liquide désorganise les plantes et les *brûle*, selon l'expression vulgaire.

185.— Serait-il convenable de soumettre exclusivement une terre à l'engrais liquide?

Il serait imprudent de soumettre une terre à l'engrais liquide exclusif; on doit y faire revenir, de temps en temps, le fumier de ferme.

186. — Quels noms donne-t-on à la matière fécale employée comme engrais?

A l'état liquide, elle prend le nom de *gadoue*; desséchée et pulvérisée, on l'appelle *poudrette*.

187. — Sous quel état son emploi produit-il le plus d'effet?

La gadoue produit plus d'effet que la poudrette.

188. — Combien faut-il de poudrette pour fumer un hectare?

De 15 à 20 hectolitres.

189. — Quel est le prix de la poudrette?

La poudrette vaut de 3 à 6 fr. l'hectolitre.

190.— Les déjections humaines communiquent-elles une mauvaise odeur aux plantes qu'elles fécondent?

Non; des expériences nombreuses ont démontré que la matière fécale, liquide ou en poudre, ne communique ni aux plantes, ni au lait, ni à la chair du bétail que ces plantes nourrissent, les inconvénients que les préjugés leur attribuent.

VINGTIÈME LEÇON

AMÉLIORATION DU SOL PAR LES ENGRAIS (Suite)

191. — Comment emploie-t-on les résidus d'abattoir ?

On dépose ces résidus dans une fosse, au fur et à mesure qu'on les possède, en ayant soin d'y ajouter fréquemment de la chaux, afin d'en hâter la décomposition.

192. — Ces résidus sont-ils un engrais actif ?

Ces résidus forment un engrais très-actif. Comme la gadoue, on les désinfecte avec le sulfate de fer et on les répand sur le sol par un temps humide.

193. — Qu'est-ce que la colombine ?

La colombine, ou fiente de pigeon, est un engrais très-énergique, valant 10 à 12 francs les 100 kilog.

194. — Qu'est-ce que le guano ?

Le guano est une substance brune et friable provenant de déjections et de débris même d'oiseaux de mer, accumulés, depuis des siècles, sur les côtes de l'Amérique et de l'Afrique.

195. — Quand faut-il appliquer le guano ?

Le guano se répand au printemps, soit à la volée, soit au semoir, après les grandes pluies, et, s'il est possible, par un temps couvert.

196. — Ne connaissez-vous pas un instrument récemment inventé qui répand régulièrement les engrais sur le sol ?

M. Derome, de Bavai, vient d'inventer un semoir d'une

espèce particulière, qu'il appelle un « DISTRIBUTEUR D'EN-GRAIS. » Cet instrument répand régulièrement et avec économie l'engrais sur le sol.

197. — Combien faut-il de guano pour fumer un hectare ?

Il faut environ 300 kilog. de bon guano pour fumer un hectare.

198. — Quel est le prix du guano ?

Le prix du guano, qui s'élève chaque année, est monté de 30 à 40 fr. les 100 kilog.

199. — Comment faut-il conserver le guano ?

Il faut éviter de faire reposer sur la terre les sacs de guano. On doit les conserver dans des lieux parfaitement secs.

200. — Le guano étant l'objet de fraudes nombreuses, indiquez un moyen d'en vérifier la pureté.

Un procédé approximatif consiste à brûler un peu de guano bien sec dans une cuillère de fer; s'il laisse plus d'*un tiers* de son poids en cendre, il est falsifié.

VINGT-UNIÈME LEÇON

AMÉLIORATION DU SOL PAR LES ENGRAIS (Suite)

201. — En quoi consiste le parcage ?

Le parcage consiste à faire séjourner un troupeau de moutons successivement, et de nuit en nuit, sur les diverses parties de la surface du champ que l'on veut fumer.

**202. — Quelles terres faut-il parquer de préfé-
rence ?**

Il faut parquer de préférence les terres légères et celles
qui sont d'un accès difficile ou fort éloignées des habita-
tions.

**203. — Quelle forme et quelle étendue con-
vient-il de donner au parc ?**

La forme carrée est la plus avantageuse, parce qu'elle
économise le nombre des claies.

Quant à l'étendue, elle doit être calculée à raison de
deux à cinq mètres carrés par mouton.

**204. — Combien de temps dure l'influence du
parcage ?**

L'engrais qui résulte du parcage agit immédiatement
sur la récolte de l'année; son influence dure deux ans.

**205. — Dites un mot des avantages et des
inconvénients du parcage.**

Avantages : le parcage rend la laine forte, concourt
à la guérison du *piétin* et dispense de l'emploi des
litières.

Inconvénients : le parcage salit la laine et rend moins
d'engrais que la bergerie.

**206. — Parlez de l'urine des animaux et du
purin.**

L'urine des animaux est un fort bon engrais. Une
rigole ménagée dans le pavé de l'étable la conduit dans
une citerne où se rend également le jus qui découle du
fumier. Ce liquide fermente. On le transporte ensuite,
sous le nom de *purin,* sur les terres destinées à le recevoir.

Afin d'empêcher le dégagement des gaz fertilisants qui
s'échapperaient de ce précieux engrais pendant sa fermentation, on y ajoute, de temps en temps, quelques
kilog. de plâtre ou de sulfate de fer.

207. — Quelles précautions faut-il prendre dans l'emploi du purin ?

Il faut éviter d'employer le purin non étendu d'eau, comme aussi de le répandre sur les récoltes en végétation.

208. — Quels sont les principaux engrais végétaux ?

Les principaux engrais végétaux sont les récoltes enfouies en vert, les tourteaux, les résidus de brasserie, etc. Ils ne valent pas les engrais animaux.

209. — Quelles sont les plantes à cultiver comme engrais vert ?

On cultive comme engrais vert les plantes dont la croissance est rapide et la graine à bas prix : la féverole, le seigle, le sarrasin, la navette, le trèfle incarnat, etc.

210. — A quelle époque faut-il enfouir les engrais verts ?

Il faut enfouir les engrais verts au moment de la floraison, alors que les plantes, chargées de sucs alimentaires, se décomposent facilement, et n'ont que peu épuisé le sol.

VINGT-DEUXIÈME LEÇON

AMÉLIORATION DU SOL PAR LES ENGRAIS (Suite)

211. — Qu'appelle-t-on tourteaux ?

On appelle tourteaux ou pains d'huile les résidus secs des graines et fruits oléagineux dont on a exprimé l'huile.

212. — Quels sont, dans notre région, les tourteaux employés comme engrais ?

Les tourteaux employés comme engrais dans notre région sont ceux de colza, de navette, de cameline et de lin.

213. — Quand faut-il répandre les tourteaux et quelle est la durée de leur action ?

Les tourteaux, préalablement pulvérisés, doivent être répandus à la volée, un peu avant les semailles, et autant que possible par un temps qui présage la pluie ; leur action ne dure pas plus d'une année.

214. — Quelle quantité de tourteaux emploie-t-on par hectare ?

De 400 à 1,000 kilog.

215. — Quel est le prix des tourteaux ?

Les tourteaux valent de 20 à 30 fr. le quintal.

216. — L'huile contribue-t-elle à la valeur du tourteau ?

Loin d'augmenter, comme on le croyait, la valeur fertilisante du tourteau, l'huile la diminue.

217. — Comment désigne-t-on les engrais mixtes ou composés ?

Les engrais mixtes, c'est-à-dire mélangés de matières animales et végétales, se désignent sous le nom de fumiers.

218. — Parlez du fumier d'étable.

Le fumier d'étable est un mélange des excréments du bétail avec la litière qu'on lui donne pour l'entretenir dans un état de propreté convenable. Il est considéré. avec raison, par les cultivateurs, comme étant l'engrais par excellence : il agit de suite avec force et tout à la fois il améliore le sol.

3.

219. — Quelle litière doit-on employer de pré-férence ?

Autant que possible, il faut employer pour litière la paille de céréales. Quand elle manque absolument, on la remplace par des feuilles, des roseaux, du foin gâté, etc.

220. — Le fumier n'est-il pas préférable lors-qu'il est produit dans certaines conditions ?

Le fumier vaut mieux lorsqu'il provient d'animaux bien nourris et en bonne santé ; celui des bêtes à l'engrais passe pour le meilleur.

VINGT-TROISIÈME LEÇON

AMÉLIORATION DU SOL PAR LES ENGRAIS (Suite)

221. — Eu égard à sa composition, le fumier ne prend-il pas différents noms ?

Les fumiers de cheval, d'âne, de mulet et de mouton sont appelés *fumiers chauds;* ceux des bêtes à cornes et de cochon, *fumiers froids.* On nomme *fumiers longs* ceux dont la litière est encore longue, et *fumiers courts,* ceux qui sont gras et entièrement pourris.

222. — A quelles terres respectives conviennent ces divers fumiers ?

Les fumiers longs et chauds conviennent surtout aux terres argileuses et froides, qu'ils réchauffent et divisent; les fumiers courts, au contraire, conviennent aux terres légères et chaudes, dans lesquelles ils conservent l'humidité.

223. — Où doit-on établir le tas de fumier ?

On doit établir le tas à l'exposition du nord et, autant que possible, à l'ombre de quelques arbres, afin de l'abriter de la sécheresse.

224. — Comment doit-on établir le tas de fumier ?

L'emplacement du tas doit être légèrement creusé en forme de cuvette. Pour empêcher l'infiltration du purin dans le sol, il faut mettre, au fond de cette cuvette, une couche d'argile que l'on a soin de battre fortement.

225. — Comment empêche-t-on le dégagement des gaz fertilisants qui s'échappent du tas pendant sa fermentation ?

On empêche le dégagement des gaz fertilisants (dont le principal est l'ammoniaque) en saupoudrant chaque couche de fumier, à mesure qu'on la dépose, de quelques poignées de plâtre. — Le plâtre empêche l'ammoniaque de se dissiper.

226. — Quand le fumier est transporté dans les champs, peut-on le laisser longtemps en tas ?

Il faut bien s'en garder. Afin de prévenir toute nouvelle fermentation du fumier, ce qui lui serait très-nuisible, il faut l'étendre immédiatement.

227. — A quelle époque répand-on le fumier sur le sol ?

On répand le fumier sur le sol avant les semailles et on l'enterre par un labour. On le répand encore en automne et pendant l'hiver sur les champs ensemencés et sur les prairies naturelles : dans ce cas, il reste naturellement à la surface.

228. — Combien de voitures de fumier emploie-t-on par hectare ?

Il est impossible de fixer le nombre de voitures de fumier à employer par hectare ; cela dépend de la quanlité dont on dispose, de la nature du sol (les terres argileuses doivent être fumées plus fortement et moins souvent que les terres légères) et enfin de la durée de l'assolement. (20 voitures à 4 chevaux par hectare, tous les quatre ans, sont une bonne fumure).

229. — N'est-il pas encore d'autres engrais ?

Les excréments des volailles forment un excellent engrais. Il y a encore les boues des rues, la vase provenant du curage des ruisseaux et des fossés, les eaux grasses de cuisine, etc.

230. — L'emploi des stimulants dispense-t-il de fumer le sol ?

Au contraire ; plus on fait usage des stimulants, plus il faut d'engrais, mais quand on suit ce précepte, on peut indubitablement compter sur d'abondants produits.

VINGT-QUATRIÈME LEÇON

AMÉLIORATION DU SOL PAR LES ENGRAIS (Suite)

231. — N'est-il pas des cultivateurs qui, pour différentes causes, ne peuvent pas produire assez d'engrais pour entretenir leurs terres dans un état satisfaisant de fertilité ?

Ce cas est assez fréquent.

232. — Que doivent faire ces cultivateurs ?

Acheter des engrais artificiels.

233. — Quel est, dans notre région, le meilleur fabricant d'engrais artificiels ?

M. Derome, de Bavai, qui obtient, pour ses produits, des médailles dans tous les concours agricoles.

234. — Quel degré de confiance convient-il d'accorder à l'efficacité des engrais artificiels ?

Les engrais de M. Derome inspirent, à juste titre, une entière confiance.

235. — Pourquoi ?

Parce qu'il les expérimente lui-même dans des champs dits *d'expériences* que chacun peut visiter, et qu'il établit loyalement la comparaison des frais occasionnés par leur emploi respectif avec le bénéfice réalisé sur les récoltes des divers terrains sur lesquels ces engrais ont été répandus.

236. — A quelle époque répand-on les engrais artificiels ?

Au printemps.

237. — Comment faut-il les enterrer ?

Il faut, lorsqu'ils sont répandus sur le chaume ou le fumier, triturer le tout par de puissants binages à l'extirpateur, de manière à préparer un bon fond de terre, et labourer ensuite à une assez forte profondeur.

238. — Pour quel motif ?

Parce que, de cette manière, ces engrais sont soustraits à l'action de l'air et, partant, restent à l'abri de toute altération.

239. — Quelle quantité d'engrais artificiels emploie-t-on à l'hectare ? Quel est le prix de ces engrais ?

La réponse à ces questions se trouve dans une petite brochure que M. Derome envoie volontiers aux cultivateurs qui la lui demandent.

REMARQUE

240. — Il est fortement question de vendre la betterave non plus au poids, mais à la densité. Or, il est prouvé que les engrais artificiels composés d'après certaines formules sont les seuls qui, en favorisant la richesse saccharine de cette précieuse racine, puissent rémunérer convenablement, d'après ce nouveau mode d'achat ou de vente, aussi bien les producteurs que les fabricants de sucre.

Nota. — Il ne faut pas oublier que les labours facilitent l'action de l'air, de l'eau, de la lumière et de la chaleur sur le sol et qu'à ce titre ils contribuent puissamment aussi à sa fertilité; que, par conséquent, on ne saurait trop labourer les champs, à moins toutefois qu'il ne s'agisse de terrains déjà très-meubles. Pour ceux-là, on se borne au strict nécessaire.

VINGT-CINQUIÈME LEÇON

INSTRUMENTS ARATOIRES

241. — Qu'appelle-t-on instruments aratoires ?

On appelle instruments aratoires les instruments dont on se sert pour cultiver le sol.

242. — Quels sont les instruments aratoires les plus utiles ?

Les instruments aratoires les plus utiles sont la charrue, la herse, l'extirpateur, le scarificateur, le rouleau, la houe à cheval, le buttoir et le semoir.

243. — Nommez les pièces principales de la charrue.

Les pièces principales de la charrue sont le coutre, le soc, le versoir, le sep, l'age ou flèche, le régulateur, les mancherons et l'avant-train.

244. — A quoi sert le coutre ?

Le coutre ou couteau sert à détacher verticalement la tranche de terre qui doit être renversée.

245. — Qu'est-ce que le soc ?

Le soc est une pièce de fer triangulaire qui coupe la tranche de terre horizontalement, commence à la soulever et la conduit au versoir sur une surface oblique.

246. — Qu'est-ce que le versoir ?

Le versoir ou oreille est la partie de la charrue qui soulève, puis retourne la tranche de terre coupée par le coutre et le soc.

247. — Parlez du sep, de l'age ou flèche, des mancherons, du régulateur et de l'avant-train.

Le sep est la base de la charrue; il glisse au fond du sillon.

L'age ou flèche est la longüe pièce de bois à laquelle sont attachées les autres parties de la charrue.

Les mancherons sont deux manches qui terminent l'age et au moyen desquels le laboureur imprime à la charrue une marche uniforme.

Le régulateur est une pièce mobile destinée à faire piquer plus ou moins le soc dans le sol.

Enfin, l'avant-train consiste en une paire de roues réunies par un essieu et dont le but est de rendre la charrue moins vacillante.

248. — Dites un mot de l'araire.

L'araire n'est autre chose qu'une charrue sans avant-train. Cet instrument permet de labourer plus près des arbres, des haies et des murs.

249. — Quelles sont les charrues les plus estimées ?

Les charrues les plus estimées sont la charrue Dombasle, la charrue dite de Brabant, celle de Rosé et celle de Grangé.

250. — Qu'est-ce que la herse et à quoi sert-elle ?

La herse est une espèce de châssis armé de dents ; elle sert à ameublir la terre, à détruire les mauvaises herbes et à enterrer la semence.

VINGT-SIXIÈME LEÇON

INSTRUMENTS ARATOIRES (Suite)

251. — Qu'est-ce que le scarificateur ?

Le scarificateur est une espèce de herse garnie de plusieurs coutres, qu'on emploie pour couper les racines, arracher le chiendent, briser les mottes et même pour enterrer la semence lorsque la terre est dure.

252. — Qu'est-ce que l'extirpateur ?

L'extirpateur est un instrument garni de plusieurs petits socs plus ou moins bombés, qui passent dans la terre à une faible profondeur, la soulèvent et la divisent, mais sans la retourner. Il extirpe les racines et les mauvaises herbes.

253. — Qu'est-ce que le rouleau? à quoi sert-il?

Le rouleau est un cylindre de bois, de fonte ou de pierre; il sert à briser les mottes et à unir le sol.

254. — Qu'est-ce que la houe à cheval?

La houe à cheval est une sorte de petite charrue à un ou plusieurs socs en forme de houe plate, qui sert à cultiver les plantes disposées par rangées.

255. — Quels sont les avantages de la houe à cheval?

La houe à cheval remplace avec économie les binages à la main, devenus si coûteux, et fait le travail d'une vingtaine d'ouvriers; elle offre conséquemment le moyen de multiplier les binages à peu de frais.

256. — Qu'est-ce que le buttoir?

Le buttoir est un instrument garni de deux versoirs opposés, servant à rejeter la terre d'un côté et de l'autre.

257. — Quel est l'effet du buttage?

Le buttage fournit aux plantes une nourriture plus abondante et préserve les racines de la sécheresse.

258. — Qu'est-ce que le semoir?

Le semoir est un instrument destiné à distribuer la semence avec plus de régularité et d'économie qu'il n'est possible de le faire quand on sème à la main.

259. — N'emploie-t-on pas encore d'autres instruments dans la grande culture?

On emploie encore la rite, le harna, le rayonneur, le râteau à cheval, le planteur, la herse de Valcourt, la faucheuse, la moissonneuse, la faneuse, etc.

**260. — Ces instruments ne sont-ils pas trop

coûteux pour être acquis par la petite et par la moyenne culture?

Sans doute, ils sont coûteux, mais quoi donc empêcherait un certain nombre de cultivateurs de s'associer pour en faire l'acquisition en commun? Si les avantages de l'association étaient bien compris, que de profit n'en résulterait-il pas pour les associés!

TROISIÈME TRIMESTRE

VINGT-SEPTIÈME LEÇON

CULTURE DES CÉRÉALES

261. — Qu'appelle-t-on céréales ?

On appelle céréales (de Cérès, divinité mythologique), les graminées dont les produits, réduits en farine, servent principalement à faire du pain.

262. — Nommez les principales céréales.

Les principales céréales sont le blé ou froment, l'épeautre, le seigle, l'orge, l'avoine, le millet, le maïs et le sarrasin.

263. — Quand sème-t-on le blé ?

On sème généralement le blé d'automne dans le cours du mois d'octobre et le blé de printemps, vers le mois de mars.

264. — Combien emploie-t-on de semence par hectare ?

Environ 2 hectolitres, si l'on sème à la volée, (1 hectol. 50 suffit si l'on a la bonne pensée de se servir du semoir).

265. — Quel est le rendement moyen du blé ?

Le blé d'automne rend de 20 à 30 hectolitres par hectare. Le blé de printemps, moins généreux, ne rend guère que les deux tiers de cette quantité.

266. — Quel est le poids moyen de l'hecto-litre de blé ?

Le poids moyen de l'hectolitre de blé est de 77 kilog.

267. — Comment apprécie-t-on le poids de la paille récoltée ?

Dans les années ordinaires, le poids de la paille est au moins double de celui du grain. Cette proportion augmente dans les années humides et diminue dans les années sèches.

268. — Quelle espèce de sol convient le mieux au blé ?

Le blé d'automne demande un sol riche et argilo-calcaire; le blé de printemps, un sol riche également et passablement humide.

269. — Nommez les maladies particulières aux céréales.

Les maladies particulières aux céréales sont la carie, le charbon, la rouille et l'ergot.

270. — Quelle opération fait-on subir à sa semence, pour empêcher le blé d'être attaqué par la carie ?

On l'arrose avec une dissolution de sulfate de soude ou *sel de Glauber* (8 kilog. de ce sel dans un hectol. d'eau), puis on la saupoudre, alors qu'elle est encore humide, avec de la chaux éteinte, sans cesser de remuer le tas. 8 litres de la dissolution et 2 kilog. de chaux suffisent pour un hectolitre de semence.

Nota. — *En se servant d'un semoir, on réalise une notable économie de semence (d'un quart environ); de plus, on facilite le travail que nécessiteront les futures plantes. (Avoir soin de semer clair sur les terrains sujets à la verse).*
Ne pas oublier que la bonne semence seule donne de

beaux produits. Il faut donc la choisir avec un soin scrupuleux : elle doit être bien mûre, propre, pleine, sans odeur et pas vieille.

Aussitôt répandue sur le sol (semer de bonne heure, autant que possible), on la recouvre au moyen de la herse, du rouleau ou de la charrue, puis on pratique dans le champ ensemencé des raies d'écoulement pour les eaux de pluie.

VINGT-HUITIÈME LEÇON

CULTURE DES CÉRÉALES (Suite)

271. — En quoi la culture de l'épeautre diffère-t-elle; de celle du blé ?

L'épeautre se contente d'un sol pauvre; il résiste bien à l'humidité, peut se semer plus tardivement et verse moins facilement que le blé.

272. — Quelle quantité d'épeautre sème-t-on par hectare ?

On sème environ 4 hectolitres d'épeautre par hectare.

273. — Quelle quantité d'épeautre récolte-t-on par hectare? Quel est le poids de l'épeautre?

On récolte environ 40 hectolitres d'épeautre par hectare. Le poids moyen d'un hectol. d'épeautre est de 45 à 50 kilog.

274. — Quand sème-t-on le seigle ?

On sème le seigle plus tôt que le blé, vers le mois de septembre, parce qu'il a besoin de se fortifier avant l'hiver.

275. — Parlez de la semence, du produit et du poids du seigle.

On sème 2 hectol. de seigle par hectare, à la volée, et on en récolte de 15 à 18. Le poids moyen de l'hectol. de seigle est de 80 kilog.

276. — Quels sont les sols réservés à la culture du seigle ?

Les sols légers et médiocres, peu convenables pour le blé, sont réservés au seigle.

277. — N'y a-t-il pas plusieurs variétés d'orge ?

Il y a plusieurs variétés d'orge, parmi lesquelles on distingue : l'orge escourgeon, l'orge de printemps proprement dite et l'orge à deux rangs *(pamelle)*.

278. — Quel terrain préfère l'orge ?

L'orge préfère un terrain meuble et profond, mais n'est pas difficile sur sa qualité.

279. — Quand sème-t-on l'orge et quelle quantité en faut-il par hectare ?

L'orge d'automne ou escourgeon se sème vers la mi-septembre, à raison de 2 hectolitres par hectare (à la volée) ; l'orge de printemps proprement dite et l'orge à deux rangs *(pamelle)* se sèment en avril et exigent, sur la même surface, de 2 1/2 à 3 hectol. de semence.

280. — Quel est le rendement et le poids de l'orge ?

L'orge escourgeon produit de 35 à 40 hectolitres à l'hectare ; l'orge de printemps ne rend que les trois quarts de cette quantité. Le poids moyen de l'hectol. d'orge est de 64 kilog.

Nota. — *Lorsque les céréales sont hautes de 7 à 8 centimètres, on passe le rouleau sur celles d'entre elles qui végètent dans des terrains sujets au* déchaussement.

On ne saurait trop blâmer la déplorable habitude qu'ont la plupart des cultivateurs de l'arrondissement d'Avesnes et de quelques autres parties du département, de laisser pousser leurs céréales telles quelles, c'est-à-dire sans les débarrasser des végétaux nuisibles (nielle, pavot, arrête-bœuf, mercuriale, mouron des oiseaux, chardon, etc.) qui pourtant, plus tard, nuiront indubitablement à la qualité, comme à la quantité du grain et de la paille !

VINGT-NEUVIÈME LEÇON

CULTURE DES CÉRÉALES (Suite)

281. — Où se plaît l'avoine ?

L'avoine n'est pas exigeante : toutes les terres semblent lui convenir.

282. — Quand sème-t-on l'avoine ?

On sème l'avoine dès le mois de février ; les semailles faites de bonne heure sont généralement les plus productives.

283. — Parlez de l'ensemencement, du poids et du rendement de l'avoine.

Par hectare, on sème (à la volée) 3 hectol. au moins d'avoine et on en récolte de 35 à 40. L'hectol. d'avoine pèse en moyenne 40 kilog.

284. — Que savez-vous du maïs ?

Le maïs réussit assez facilement sur les sols médiocres. C'est un très-bon fourrage, trop peu apprécié des cultivateurs. Seulement, sa culture n'est réellement productive que dans le midi de la France et dans quelques départements du centre.

285. — Quand sème-t-on le maïs ?

On sème le maïs après les gelées du printemps.

286. — Comment sème-t-on le maïs ?

Cultivé pour le fourrage, on le répand à la volée, à raison de 2 hectol. et demi par hectare ; dans ce cas, il faut le couper dès qu'il commence à fleurir. Si au contraire on le cultive pour la graine, on le plante en lignes distantes d'au moins 0^m,60.

287. — La culture du millet, peu connue chez nous, pourrait-elle être utile aux cultivateurs ?

Le millet, qui se plaît dans un sol chaud, riche et meuble, serait peut-être cultivé avec avantage dans les années où il y aurait disette de fourrage, car il donne des produits de bonne heure au printemps. On le sèmerait à raison de 30 litres par hectare.

288. — Parlez du sarrasin ou blé noir.

Le sarrasin, ainsi appelé parce qu'il a été apporté en Europe par les Arabes ou Sarrasins, se contente d'un terrain pauvre et aride, ce qui en fait une précieuse ressource pour les cultivateurs.

289. — Quand sème-t-on le sarrasin ?

Le sarrasin craint le froid, mais comme il mûrit en l'espace de trois mois, il n'y a pas d'inconvénient à le semer en mai.

290. — Quelle quantité de semence emploie-t-on à l'hectare ? Quel est le rendement de cette céréale ?

Un hectolitre à l'hectare, si l'on veut récolter le sarrasin vert, et de 30 à 40 litres, si, au contraire, on a en vue la production de la graine, sont des quantités suffisantes. On récolte de 25 à 30 hectolitres par hectare.

Nota. — Avoir soin de couper les céréales un peu avant leur mâturité complète, afin d'empêcher les épis de s'é-grainer.

Pour couper les céréales, on se sert de la faucille, de la sape ou piquet, de la faux ou de la moissonneuse. (La faucille n'est pas assez expéditive pour la grande ni même pour la moyenne culture).

On laisse quelque temps en javelles *(petites brassées) les céréales encore peu mûres et celles qui se trouvent mélangées de plantes étrangères dont le feuillage est encore vert; puis on les dispose en* meulons, meulettes *ou* moyettes *(petites meules), en plantant les unes contre les autres un certain nombre de javelles ou de gerbes. On couvre chaque meulette d'une gerbe renversée en forme de chapeau.*

Il est essentiel, dans tous les cas, de ne rien rentrer d'humide : les plantes mises en tas étant humides s'échauffent, moisissent et perdent par conséquent leur qualité.

TRENTIÈME LEÇON

CULTURE DES PLANTES FOURRAGÈRES

291. — Qu'appelle-t-on plantes fourragères ou fourrages ?

On appelle plantes fourragères, ou simplement fourrages, celles qui servent à la nourriture des animaux.

292. — Où récolte-t-on les fourrages ?

On récolte les fourrages dans les prairies *naturelles* et dans les prairies *artificielles.*

293. — Qu'entendez-vous par prairies naturelles ?

On entend par prairies naturelles ou permanentes des étendues de terrain qui, engazonnées une fois pour toutes, produisent du *foin*.

294. — Est-il bien utile de connaître les plantes dont l'ensemble compose le foin ?

On conçoit que, pour tirer le meilleur parti possible d'une prairie à créer, il est indispensable d'avoir égard aux caractères particuliers et aux propriétés respectives des plantes qui composent ordinairement le foin.

295. — En quoi utilise-t-on cette connaissance des plantes fourragères ?

Ces plantes étant bien connues, il sera facile de n'employer parmi elles que celles qui, eu égard à la qualité du sol qui doit les produire. peuvent donner les résultats les plus avantageux.

296. — Comment se procurent des graines de foin les cultivateurs que guide encore la routine ?

Ces cultivateurs ramassent dans leurs greniers à foin les graines que les diverses plantes y ont secouées.

297. — La semence ainsi recueillie est-elle convenable ?

La semence ainsi recueillie est très-défectueuse.

298. — Pourquoi ?

Parce que, dans ces graines, les seules bonnes sont celles qui proviennent de plantes arrivées, au moment de la fenaison, à parfaite maturité, (encore faut-il admettre qu'elles conviennent au sol qui doit les recevoir) ; les autres, en forte proportion, sont, ou nuisibles, ou de qualité inférieure.

299. — Que faut-il faire alors ?

Après avoir préalablement consulté la nature et le degré d'humidité du terrain que l'on veut convertir en prairie, on achète des graines qu'on mélange soi-même, en faisant dominer parmi elles celles que l'on sait devoir se plaire dans ce terrain.

300. — Ne peut-on employer un autre moyen ?

On peut aussi, une fois les graines achetées, en semer *séparément* chaque espèce sur le terrain que l'on veut convertir en prairie naturelle ; la récolte plus ou moins abondante que produiront certaines d'entre elles sera une précieuse indication sur laquelle on se basera pour composer le mélange dont il s'agit.

TRENTE-UNIÈME LEÇON

CULTURE DES PLANTES FOURRAGÈRES (Suite)

301. — Combien emploie-t-on de semence de foin par hectare ?

Environ 100 kilog.

302. — Parlez des diverses plantes qui composent un bon foin.

L'*agrostis* ou *agrostide ;* fleurit au commencement de juin ; préfère les terrains frais, mais donne cependant d'assez bons résultats dans les terrains secs.

**303. — Le *vulpin des prés ;* fleurit en mai ; préfère un terrain argileux et assez humide ; donne un fourrage abondant.

304. — La *flouve odorante;* fleurit dès le mois d'avril; perd la plus grande partie de son poids par la dessiccation, mais en revanche communique au foin un parfum qui le rend très-appétissant pour les bestiaux ; se plaît à peu près dans tous les terrains.

305. — L'*arrhénatère élevée* ou *fromental* et le *petit fromental ;* fleurissent dès la fin d'avril ; donnent un fourrage de bonne qualité ; se plaisent à peu près partout.

306. — Le *brome des prés ;* fleurit en mai ; donne un fourrage de qualité supérieure, même dans les terrains arides.

307. — Le *brome de schrader ;* excellent fourrage ; peut se semer en septembre et être récolté à une époque où le fourrage frais manque généralement; donne une récolte des plus abondantes.

308. — Le *cynodon ;* remarquable par la puissance de sa vigueur ; résiste à la sécheresse ; fournit un fourrage frais, abondant, de qualité passable. Plante très-envahissante.

309. — La *crételle des prés* ou *cynosure ;* fleurit au commencement de juin ; donne un fourrage peu abondant, mais d'excellente qualité ; se plaît à peu près partout.

310. — Le *dactyle pelotonné ;* fleurit au commencement de mai ; donne un fourrage abondant et très-sain ; aime un terrain frais et ombragé.

TRENTE-DEUXIÈME LEÇON

CULTURE DES PLANTES FOURRAGÈRES (Suite)

311. — Continuez cette énumération.

La *fétuque des prés* et la *fétuque élevée;* fleurissent en juin ; aiment un terrain frais, riche et humide ; donnent un fourrage excellent et abondant.

312. — La *fétuque ovine,* la *fétuque rouge,* la *fétuque flottante,* etc. ; fleurissent en juin : se contentent d'un terrain peu fertile.

313. — Le *pâturin des prés,* le *pâturin commun,* le *pâturin des bois,* etc. ; fleurissent en mai ; donnent un fourrage fin, abondant et très-recherché des bestiaux ; aiment un sol frais.

314. — La *houque laineuse* et la *houque molle;* fleurissent en mai; préfèrent les terrains frais, mais végètent néanmoins assez bien dans les autres ; donnent un bon fourrage.

315. — Le *ray-grass anglais,* le *ray-grass d'Italie,* le *ray-grass multiflore;* fleurissent au commencement de juin ; donnent un fourrage très-nutritif et assez abondant ; préfèrent un sol frais et humide.

316. — La *fléole des prés;* fleurit en juin ; donne un foin très-abondant et de bonne qualité ; se contente d'un terrain pauvre.

317. — Le *lotier corniculé* et le *trèfle blanc* (coucou), bien que n'appartenant pas aux graminées, se sèment néanmoins dans toutes les prairies et donnent un excellent fourrage.

4.

318. — Quelles sont les principales plantes nuisibles que l'on rencontre dans les prairies naturelles ?

Ces plantes, sont : le colchique, le plantain à larges feuilles, la fougère, la prêle, les carex ou laîches, les joncs, l'orvale ou ortie blanche, les renoncules, les tussilages, les mille-feuilles, la centaurée-jacée (noires-têtes), etc.

319. — Comment doit être préparé le terrain sur lequel on veut établir une prairie naturelle ?

Ce terrain doit être parfaitement nettoyé, bien fumé, puis égalisé le plus possible.

320. — Que doit-on faire après l'ensemencement ?

On doit faire passer le rouleau sur le terrain ensemencé.

TRENTE-TROISIÈME LEÇON

CULTURE DES PLANTES FOURRAGÈRES (Suite)

321. — Indiquez quelques-uns des mélanges dont l'expérience a garanti la bonne composition.

Le coefficient du poids de chaque graine entrant dans un quintal des mélanges dont il s'agit peut être établi ainsi qu'il suit :

MÉLANGE POUR TERRAIN SEC

Agrostis	6 pour %.
Flouve odorante	4 —
A reporter. . .	10 —

Report. . .	10	—
Arrhénatère élevée	12	—
Petit fromental.	6	—
Brome des prés	10	—
Dactyle pelotonné.	10	—
Fétuque	16	—
Houque	5	—
Pâturin des bois	10	—
Ray-grass	10	—
Lotier corniculé	4	—
Trèfle blanc.	7	—
TOTAL. . .	100	

322. — MÉLANGE POUR TERRAIN HUMIDE

Agrostis	15 pour %.	
Crételle	8	—
Houque	12	—
Fétuque	20	—
Pâturin des prés	20	—
Ray-grass	25	—
TOTAL. . .	100	

323. — MÉLANGE POUR TERRAIN ORDINAIRE

Agrostis	6 pour %.	
Vulpin des prés	8	—
Flouve odorante	3	—
Brome des prés	12	—
Crételle	5	—
Fétuque	22	—
Houque	5	—
Pâturin des prés	16	—
Fléole des prés.	6	—
Trèfle rouge ou blanc	4	—
Lotier corniculé	3	—
Ray-grass	10	—
TOTAL. . .	100	

324. — A quelle époque ensemence - t - on les prairies ?

Au printemps.

325. — Quelle précaution particulière faut - il prendre l'année de l'ensemencement ?

L'année de l'ensemencement, il ne faut laisser pâturer que très-légèrement l'herbe poussée.

326. — A quelle distance les uns des autres doit-on planter les arbres fruitiers dans les prairies naturelles ?

Une distance de vingt-cinq mètres paraît convenable.

327. — Fume-t-on souvent les prairies naturelles ?

On fume les prairies naturelles quand on désire en faucher le foin. Il ne faut pas oublier qu'une prairie souvent fauchée dépérit.

328. — Quels sont les soins à donner aux prairies naturelles ?

Epandre la terre des taupières, réparer les haies, les *tondre* s'il y a lieu, enlever les ronces, les épines et les pierres qui peuvent s'y trouver, extirper les mauvaises herbes et veiller à l'entretien, le cas échéant, des rigoles qui y sont établies.

329. — Quelle époque choisit-on pour faucher le foin ?

On choisit l'époque de sa floraison.

330. — Qu'appelle-t-on regain ?

On appelle regain le foin de la seconde coupe.

TRENTE-QUATRIÈME LEÇON

CULTURE DES PLANTES FOURRAGÈRES (Suite)

331. — Qu'entendez-vous par prairies artificielles ?

On entend par prairies artificielles les champs où l'on a semé ou planté des plantes fourragères autres que le foin.

332. — Quelles sont ces plantes ?

Ces plantes sont la luzerne, le sainfoin, les trèfles, la lupuline, les gesses, les vesces, les féverolles, les lentilles et les pois.

333. — Parlez de la luzerne.

La luzerne est la première et la plus productive des plantes fourragères des prairies artificielles ; elle aime un sol profond, propre, riche et redoute l'humidité ; elle se sème, en général, au printemps, sur une céréale, à raison de 25 à 30 kilog. par hectare ; elle donne trois coupes du meilleur fourrage.

334. — Continuez la même réponse.

La luzerne est en bon rapport pendant une dizaine d'années. On ne doit la faire revenir sur le même terrain qu'après un laps de temps égal à celui pendant lequel elle l'a précédemment occupé.

335. — Quelle est la plante qui nuit à la luzerne ?

La luzerne est attaquée par la *cuscute* que, paraît-il, le purin détruit.

336. — Parlez du sainfoin.

Le sainfoin donne de bons produits dans les sols calcaires pauvres où la luzerne ne réussirait pas. Il se sème et se cultive comme la luzerne ; il ne donne qu'une coupe.

337. — Parlez du trèfle violet ou commun.

Le trèfle violet ou commun se sème presque toujours au printemps sur une céréale, à raison de 15 à 17 kilog. à l'hectare ; il aime un sol argilo-calcaire bien ameubli ; il dure deux ans, il faut éviter de le faire revenir souvent dans le même champ.

338. — Parlez du trèfle incarnat.

Le trèfle incarnat *(anglais)* ne dure qu'un an ; il se sème en automne à raison de 20 à 30 kilog. de graine par hectare ; il se fauche au printemps, et ne donne qu'une coupe.

339. — Parlez du tréfle blanc.

Le trèfle blanc *(coucou)* se sème particulièrement dans les prairies naturelles.

340. — Parlez de la lupuline.

La lupuline ou minette est d'un assez faible rapport ; mais elle réussit dans les sols médiocres et très-légers, où le trèfle ne prospérerait pas. On la sème au printemps sur une céréale, à raison de 15 à 18 kilog. par hectare ; elle dure deux ans.

Nota. — *Les cultivateurs doivent consacrer au moins un tiers, sinon une moitié, de leur exploitation aux prairies artificielles (il ne s'agit ici que de ceux qui n'ont pas de prairies naturelles); cela leur permet d'entretenir* toute l'année *un nombre de bestiaux qui suffise à la production d'une quantité suffisante de fumier.*

Les prairies artificielles présentent de plus l'avantage de produire beaucoup de fourrage sur une étendue rela-

*livement restreinte; en outre leurs plantes (luzerne, sain-
foin, trèfle, etc.) améliorent le sol en le reposant pour
d'autres cultures.*

*On reconnaît à certains signes les bonnes semences
pour prairies artificielles. La bonne graine de luzerne
réfléchit une couleur jaune très-éclatante et est pesante;
celle du sainfoin est d'un jaune doré, ou un peu rem-
brunie, mais brillante; celle du trèfle est vive, brillante,
en partie d'un jaune clair, et en partie d'une jolie couleur
violette. Les graines de la première, quand elles sont alté-
rées, deviennent verdâtres ou noirâtres; celles du second,
vertes ou noires, annoncent qu'elles ont été recueillies
avant d'être mûres, ou qu'elles sont vieilles; celles du
troisième, en vieillissant, se ternissent et rougissent.*

TRENTE-CINQUIÈME LEÇON

CULTURE DES PLANTES FOURRAGÈRES (Suite)

341. — Parlez des vesces.

Ces plantes n'exigent pas un sol très-riche, mais en
revanche, elles ne donnent pas un grand produit; on les
sème, à la volée : la vesce d'hiver en septembre, à raison
de 160 litres par hectare; on y ajoute 40 litres de seigle
ou d'escourgeon pour en soutenir les tiges.

342. — Continuez la réponse.

La vesce de printemps se sème en mars ou avril, à
raison de 150 litres mélangés avec 50 d'avoine. Pour
fourrage vert, on coupe les vesces au moment de leur
floraison ; pour fourrage sec, il faut attendre que les
gousses commencent à se former.

343. — Parlez de la gesse.

La gesse proprement dite et la variété appelée *jarosse* se cultivent de la même manière que la vesce de printemps. Elles donnent un fourrage qui convient surtout aux moutons.

344. — Parlez de la féverolle.

La féverolle, ou fève des champs, se sème du 15 février au 15 mars à raison de 2 hectol. à l'hectare ; pour le fourrage, il faut la couper de bonne heure ; le plus souvent on la cultive pour la graine ; dans ce cas il faut la laisser mûrir.

345. — Parlez de la lentille et du lentillon.

On cultive la lentille et le lentillon, comme la féverolle, pour le fourrage ou pour la graine. On les sème en avril à raison de 150 litres à l'hectare. Ils se plaisent dans les terrains légers et sablonneux et craignent plus l'humidité que la chaleur.

346. — Parlez des pois.

Le pois chiche et le pois bisaille se cultivent de même pour le fourrage ou pour la graine ; on les sème dru, au printemps, à raison de 2 à 3 hectol. par hectare.

PLANTES-RACINES

347. — Qu'entendez-vous par plantes-racines ?

On appelle plantes-racines celles dont les racines ou les tubercules sont employés à l'alimentation.

348. — Quelles sont les principales plantes-racines ?

Les principales plantes-racines sont la pomme de terre, la betterave, la carotte, le navet, le topinambour, etc.

349. — Parlez de la culture de la pomme de terre.

La pomme de terre, que Parmentier apporta d'Amérique en Europe au XVIe siècle, est une plante très-précieuse et très-productive, que l'on plante en mars ou avril ; on la sarcle lorsque ses tiges sortent de terre et on la butte lorsqu'elles sont hautes de 20 à 25 centimètres.

350. — Dans quels terrains se plaît et comment se plante la pomme de terre ?

La pomme de terre aime un terrain sec, sablonneux ou calcaire et bien fumé ; elle se plante en quinconce, les lignes étant espacées de 50 à 60 centimètres. (Les tubercules les plus gros ou les mieux développés sont ceux qu'il faut planter).

TRENTE-SIXIÈME LEÇON

CULTURE DES PLANTES-RACINES (Suite)

351. — Quelles précautions doit-on prendre dans la rentrée des pommes de terre ?

On doit rentrer les pommes de terre aussi sèches que possible et les conserver à l'abri des gelées.

352. — Quel est le moyen de prévenir la maladie des pommes de terre ?

Le seul moyen qu'on puisse indiquer, c'est de n'employer que des tubercules bien sains et non dégénérés.

353. — Quel rapport nutritif y a-t-il entre la pomme de terre et le blé ?

Sous le rapport nutritif, six kilog. de pommes de terre équivalent à un kilog. de blé.

354. — Parlez du topinambour ?

Le topinambour est une autre plante d'Amérique qui ressemble assez à la pomme de terre et se cultive de même. Il produit ordinairement plus que la pomme de terre, mais il est gênant dans un assolement, à cause de la difficulté qu'on éprouve à en détruire les racines.

355. — Quel est le sol qui convient le mieux à la betterave ?

Le sol qui convient le mieux à la betterave est un sol léger, profond, bien ameubli, point trop sec ni trop humide.

356. — Comment cultive-t-on la betterave ?

On la sème au commencement d'avril en lignes espacées de 50 cent. ; on a soin de tenir propre et meuble le sol dans lequel elle végète, par des sarclages et des binages convenables (deux ou trois). On l'arrache avant les grosses gelées d'automne. Le rendement moyen d'un hectare est de cinquante mille kilog.

357. — Quels sont les usages de la betterave ?

Outre son usage dans la nourriture des bestiaux, on fait avec son jus de l'eau-de-vie et du sucre. Le résidu que laisse l'expression du jus est de la *pulpe*, substance alimentaire dont les vaches sont assez friandes.

358. — Parlez de la carotte.

La carotte est aussi une plante-racine fort importante, dont les produits sont très-abondants et très-utiles ; elle convient à tous les animaux de ferme, pour lesquels elle est une excellente nourriture.

359. — Comment cultive-t-on la carotte ?

La carotte aime une terre de moyenne consistance ; il faut la semer de bonne heure et tenir propre le sol dans lequel elle se trouve. Une fumure fraîche lui est nuisible, car elle se bifurque.

360. — Parlez des navets.

Les navets se cultivent comme plante *dérobée* après une céréale et sont, à ce titre surtout, une ressource précieuse. Le navet aime une température humide et une terre meuble.

Aussitôt qu'il a deux feuilles, il faut le biner. Si on le sème trop tôt, il est exposé à monter.

TRENTE-SEPTIÈME LEÇON

PLANTES OLÉAGINEUSES

361. — Quelles sont les principales plantes oléagineuses ?

Les principales plantes oléagineuses sont le colza, la navette, le pavot ou œillette et la cameline.

362. — Parlez du colza et de la navette.

On distingue deux variétés de colza et de navette : l'une, hâtive, dite de mars, se sème au printemps et mûrit dans le même été; l'autre, tardive, appelée colza ou navette d'hiver, se sème au commencement de septembre *(10 litres par hectare suffisent)*. Le colza d'hiver peut donner de 18 à 25 hectol. par hectare.

363. — Parlez du pavot ou œillette.

L'œillette se sème à la fin de l'hiver et se récolte au mois d'août; il suffit de 2 à 3 kilog. à l'hectare. Rendement : de 14 à 18 hectol.

364. — Parlez de la cameline.

Semée au printemps comme l'œillette, elle demande,

de même que les autres oléagineuses, un sol riche et bien assaini. Rendement : de 12 à 20 hectol.

365. — A quoi servent les huiles fournies par les plantes oléagineuses.

Les huiles fournies par les plantes oléagineuses servent comme aliment, ainsi que pour l'éclairage, la fabrication des savons, et la préparation des laines.

PLANTES TEXTILES

366. — Que tire-t-on des plantes textiles ? Quelles sont-elles ?

On tire des plantes textiles les fils dont on fait les tissus. Les principales plantes textiles sont le lin et le chanvre.

367. — Parlez du lin.

Le lin se sème au printemps dans une erre bien fumée ; *dru*, si on le récolte pour la filasse, *clair*, si c'est pour la graine. Avant de pouvoir être livré au commerce, le lin subit quantité d'opérations : rouissage, broyage, écangage, affinage, etc.

368. — Parlez du chanvre.

Le chanvre se sème en mai, sur un sol très-riche.
Il sert principalement à faire des cordages.

PLANTES TINCTORIALES

369. — Quelles sont les principales plantes tinctoriales ?

Les principales plantes tinctoriales, ainsi appelées parce qu'elles fournissent la teinture, sont : la garance, qui donne une couleur rouge ; le pastel, qui donne une couleur bleue ; la gaude et le safran, qui donnent une couleur jaune.

PLANTES DIVERSES

370. — Mentionnez quelques autres plantes.

Le houblon, qui sert à la fabrication de la bière ; la chicorée, dont la racine sert aux mêmes usages que le café ; le tabac, dont l'abus est si nuisible ; l'anis, qui sert à fabriquer la liqueur du même nom, la moutarde, etc., etc.

TRENTE-HUITIÈME LEÇON

JACHÈRE — ASSOLEMENT — ALTERNAT — ROTATION

371. — Qu'appelait-on jachère ?

On appelait jachère un repos d'une année qu'un préjugé prétendait devoir être accordé à la terre tous les trois ans.

372. — Que pensez-vous de la jachère ?

Au lieu de laisser reposer la terre épuisée, il faut la nourrir avec des engrais ; fait-on reposer un homme qui a faim, au lieu de lui donner à manger ?

373. — Est-ce assez de fumer la terre pour en obtenir quand même et avec persistance de belles récoltes ?

Evidemment non ; un sol, quelque fertile qu'il puisse être, ne saurait s'accommoder de la culture continuelle d'une même plante. Il faut *varier* les récoltes, car, parmi les plantes, les unes sont *améliorantes*, c'est-à-dire qu'elles prennent peu au sol ; Ex. : la pomme de terre, le

5.

trèfle, etc. ; d'autres, au contraire, sont *épuisantes*, ce qui signifie qu'elles reçoivent du sol plus qu'elles ne lui rendent. Ex. : l'avoine, le blé, etc.

374. — Continuez cette réponse.

De plus, il est des plantes qui nettoient le sol, ce qui est souvent précieux. Ex. : la pomme de terre, le colza, etc. Certaines puisent leur nourriture dans la profondeur du sol, comme la luzerne ; d'autres, à la surface, comme les céréales. — Enfin, toutes ne se nourrissent pas des mêmes aliments. De là, nécessité d'établir un *assolement* convenable.

375. — Qu'entend-on par assolement ?

On entend par assolement la manière dont les plantes sont réparties, dans le courant d'une même année, sur les différentes *soles* ou parties cultivées d'une ferme.

376. — Parlez de l'alternat et de la rotation.

L'alternat est la succession d'une plante améliorante à une plante épuisante. La rotation indique combien il s'écoule de temps avant que la même plante revienne sur le même sol.

EXEMPLE DE BON ASSOLEMENT

ROTATION DE 4 ANS

377. — 1re ANNÉE.	Blé.	Avoine.	Trèfle.	(FUMURE) Pommes de terre.
378. — 2e ANNÉE.	Trèfle.	(FUMURE) Pommes de terre.	Avoine.	Blé.
379. — 3e ANNÉE.	Avoine.	Blé.	(FUMURE) Pommes de terre.	Trèfle.
380. — 4e ANNÉE.	(FUMURE) Pommes de terre.	Trèfle.	Blé.	Avoine.

TRENTE-NEUVIÈME LEÇON

ANIMAUX DE FERME

381. — Comment divise-t-on les animaux de ferme ?

Les animaux de ferme se divisent en plusieurs espèces : l'espèce *chevaline*, comprenant les chevaux ; l'espèce *bovine*, comprenant les bœufs, les vaches et les taureaux ; l'espèce *ovine*, comprenant les moutons ; l'espèce *porcine*, comprenant les porcs.

382. — Comparez le travail des chevaux à celui des bœufs d'attelage.

Le travail des chevaux est plus prompt ; celui des bœufs est plus lent. Les bœufs coûtent moins cher à nourrir ; mais les chevaux font en outre des charrois auxquels on ne saurait employer les bœufs à cause de leur lenteur. Une remarque à faire qui a bien son importance, c'est que le travail fait nécessairement perdre au cheval d'année en année, une partie de sa valeur, tandis que le bœuf, graissé pour la boucherie, ne subit pas de dépréciation.

383. — Parlez de la nourriture des animaux de ferme.

Il faut donner aux animaux de ferme une nourriture abondante, varier leurs aliments et les leur distribuer à heures fixes.

384. — Parlez du logement des animaux de ferme.

Les animaux ont besoin d'un air pur et d'un espace suffisant pour pouvoir opérer librement tous leurs mouvements; il leur faut par conséquent des écuries spacieuses et bien aérées.

385. — Parlez de la propreté dans laquelle on doit les entretenir.

« La propreté est la mère de la santé, » dit un proverbe. De là, nécessité de renouveler fréquemment la litière du bétail, afin de le préserver de l'humidité.

386. — Comment doit-on traiter les animaux ?

On doit traiter les animaux avec patience, sans brutalité et sans colère; c'est le meilleur moyen de les corriger et d'en faire de bons serviteurs : « *Plus fait douceur que violence !* »

387. — Nommez les petits mammifères dont le concours est utile aux cultivateurs.

Les hérissons, les chauves-souris, les musaraignes, les lézards, les crapauds, détruisent les mouches, les vers, les limaces, etc.

388. — Et les oiseaux ?

La plupart des petits oiseaux, tels que les hirondelles, les roitelets, les mésanges, les rouges-gorges, les fauvettes, les becs-fins, les gobe-mouches, etc., sont d'excellents échenilleurs ; ils dévorent journellement un nombre incommensurable d'insectes nuisibles aux récoltes. Les chouettes, les effraies, les chats-huants, les hiboux, etc., sont encore pour nous de précieux auxiliaires.

389. — Quel sentiment cela vous inspire-t-il ?

Cela m'inspire une profonde aversion pour les destructeurs ignorants et barbares des nids d'oiseaux.

390. — Que faut-il faire du hanneton quand on le prend ?

Il faut le tuer sur-le-champ, mais sans le faire souffrir. Le hanneton, soit à l'état de larve *(ver blanc),* soit à l'état d'insecte parfait, cause à la végétation des dommages incalculables.

REMARQUE

Il ne faut acheter que des animaux robustes et bien constitués. On croit généralement faire une bonne opération lorsqu'on en acquiert à bas prix : on se trompe; cette sorte d'économie est plus ruineuse que profitable.

APPENDICE

TABLEAU COMPARATIF

DE LA VALEUR NUTRITIVE DES DIVERS ALIMENTS DONNÉS AU BÉTAIL

Chacune des quantités suivantes d'aliments a la même valeur nutritive que 100 kilog. de bon foin

Regain de prés naturels . (sec.)	102	kilog.
Trèfle en fleurs . . . . (—)	90	—
Trèfle coupé avant la fleur (—)	88	—
Regain de trèfle . . . (—)	98	
Foin de luzerne . . . . (—)	98	—
— de sainfoin . . . (—)	89	—
— de vesces . . . . (—)	97	—
— de spergule . . . (—)	90	—
— de trèfle porte-graines (—)	146	—
Trèfle vert .	410	—
Vesces, luzerne, sainfoin en vert	457	—
Tiges de maïs en vert .	275	—
Spergule en vert .	425	—
Tiges et feuilles de topinambours (en vert)	325	—
Feuilles de choux à vaches . . (—)	541	—
Feuilles de betteraves . . . (—)	600	—
— de pommes de terre . (—)	300	—
Paille de froment et d'épeautre .	374	—
— de seigle .	442	—
— d'orge .	195	—
— d'avoine .	235	—
— de pois .	153	—
— de vesces .	159	—

Paille de lentilles	163	—
— de féverolles	140	—
— de sarrasin	195	—
Tiges sèches de topinambours	170	—
— de maïs	400	—
Paille de millet	250	—
Pommes de terre crues (75 kilog. par hectol.) . .	201	—
— cuites	173	—
Betteraves blanches de Silésie (75 kil. par hectol.).	220	—
— champêtres . . . (—).	339	—
Navets . . . . (—).	501	—
Carottes . . . . (—).	276	—
Rutabagas . . . . (—).	308	—
— avec leurs feuilles (en vert)	350	—
Grain de seigle . . . . . (70 kil. par hectol.).	51	—
— de froment . . . . (75 —).	45	—
— d'orge . . . . . . (64 —).	54	—
— d'avoine . . . . . (47 —).	59	—
Semences de vesces . . . (78 —).	50	—
— de pois . . . . (78 —).	48	—
— de féverolles . . (78 —).	·45	—
Grain de sarrasin . . . . (65 —).	64	—
— de maïs . . . . . (67 —).	57	—
Haricots (grain seulement). . (78 —).	32	—
Glands . . . . (80 —).	68	—
Marrons d'Inde . . . . . (80 —).	50	—
Tourteaux de lin	69	—
Son de blé	105	—
— de seigle	109	—
Balles de pois, avoine et blé	167	—
— de seigle et d'orge	179	—
Feuilles de tilleul sèches	73	—
— de chêne sèches	83	—
Pulpe de betteraves	300	—
Drèche	80	—

FIN

1009. — Abbeville, imprimerie C. Paillart.